AF314087

Cremona, Luigi.

Les figures réciproques en statique graphique (atlas seul)

Gauthier-Villars

Paris **1885**

LES
FIGURES RÉCIPROQUES

EN
STATIQUE GRAPHIQUE,

PAR

LUIGI CREMONA,

DIRECTEUR DE L'ÉCOLE D'APPLICATION DES INGÉNIEURS, A ROME.

OUVRAGE PRÉCÉDÉ D'UNE INTRODUCTION

DE

Dr GIUSEPPE JUNG,

Professeur à l'Institut technique de Milan.

ET

SUIVI D'UN APPENDICE

EXTRAIT DES MÉMOIRES ET DES COURS DE STATIQUE GRAPHIQUE

DE

Ch. SAVIOTTI,

Professeur à l'École des Ingénieurs, a Rome.

TRADUIT PAR LOUIS BOSSUT, CAPITAINE DU GÉNIE.

ATLAS.

PARIS,

GAUTHIER-VILLARS, IMPRIMEUR-LIBRAIRE

DU BUREAU DES LONGITUDES, DE L'ÉCOLE POLYTECHNIQUE,

Quai des Augustins, 55.

1885

LES

FIGURES RÉCIPROQUES

EN

STATIQUE GRAPHIQUE.

LES
FIGURES RÉCIPROQUES

EN

STATIQUE GRAPHIQUE,

PAR

LUIGI CREMONA,

DIRECTEUR DE L'ÉCOLE D'APPLICATION DES INGÉNIEURS, A ROME.

OUVRAGE PRÉCÉDÉ D'UNE INTRODUCTION

DU

Dr GIUSEPPE JUNG,

Professeur à l'Institut technique de Milan

ET

SUIVI D'UN APPENDICE

EXTRAIT DES MÉMOIRES ET DES COURS DE STATIQUE GRAPHIQUE

DE

Ch. SAVIOTTI,

Professeur à l'École des Ingénieurs, à Rome.

TRADUIT PAR Louis BOSSUT, CAPITAINE DU GÉNIE.

ATLAS.

PARIS,

GAUTHIER-VILLARS, IMPRIMEUR-LIBRAIRE

DU BUREAU DES LONGITUDES, DE L'ÉCOLE POLYTECHNIQUE,

Quai des Augustins, 55.

1885

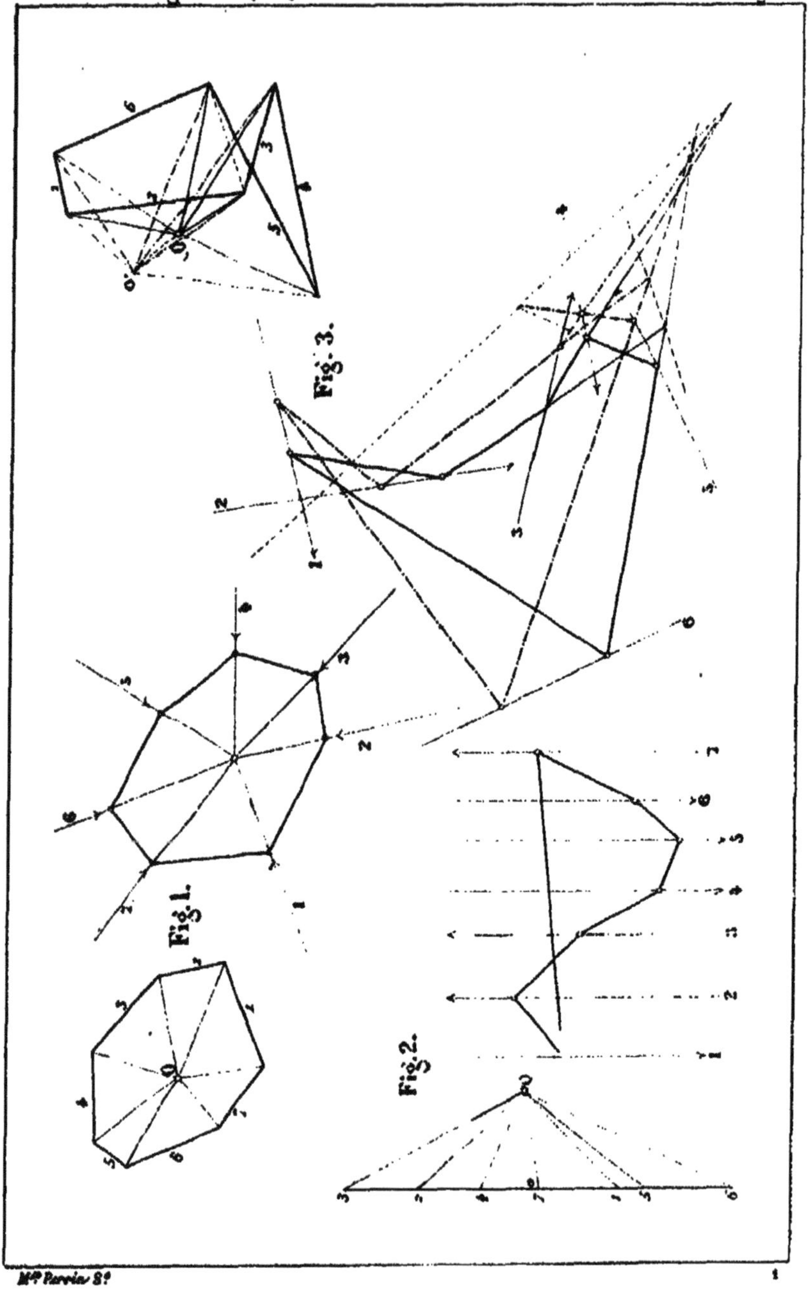

Fig. 3.
Fig. 1.
Fig. 2.

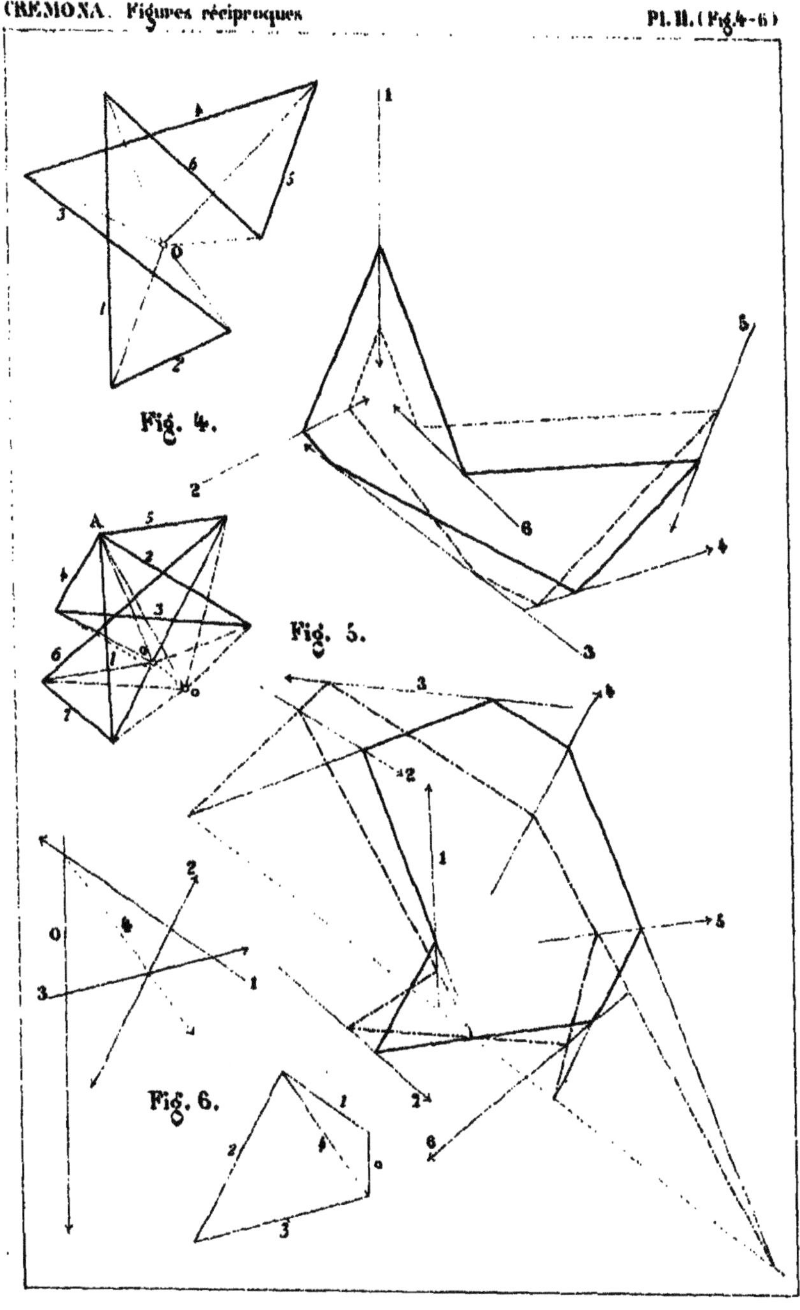
Fig. 4.
Fig. 5.
Fig. 6.
A

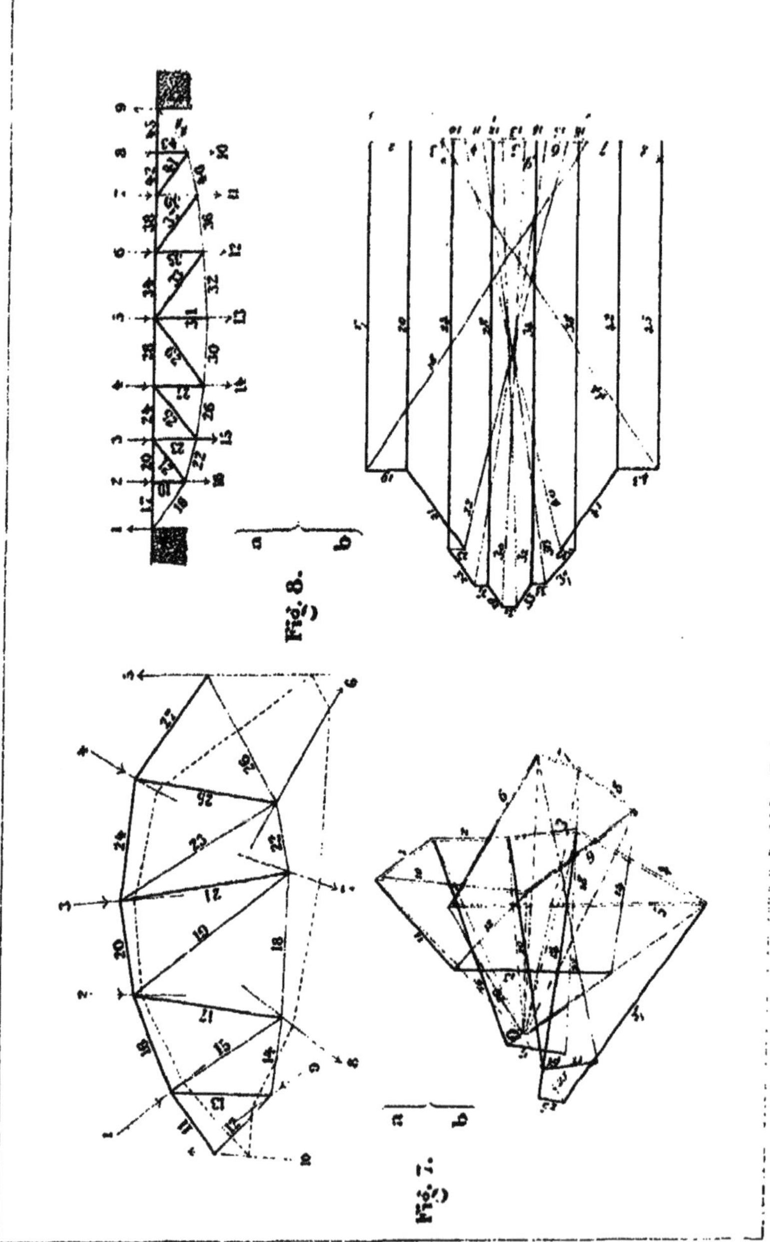

Fig. 8.

Fig. 7.

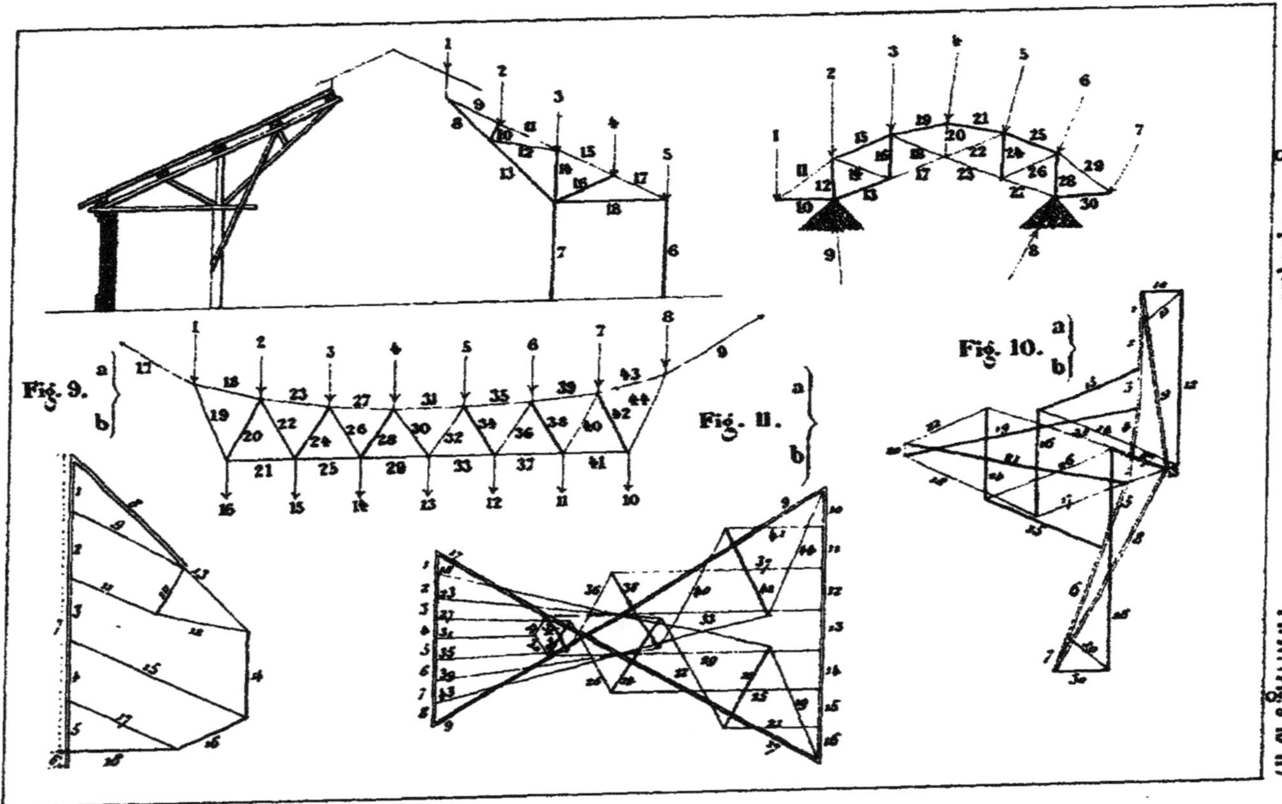
Fig. 9.
Fig. 10.
Fig. 11.
a
b

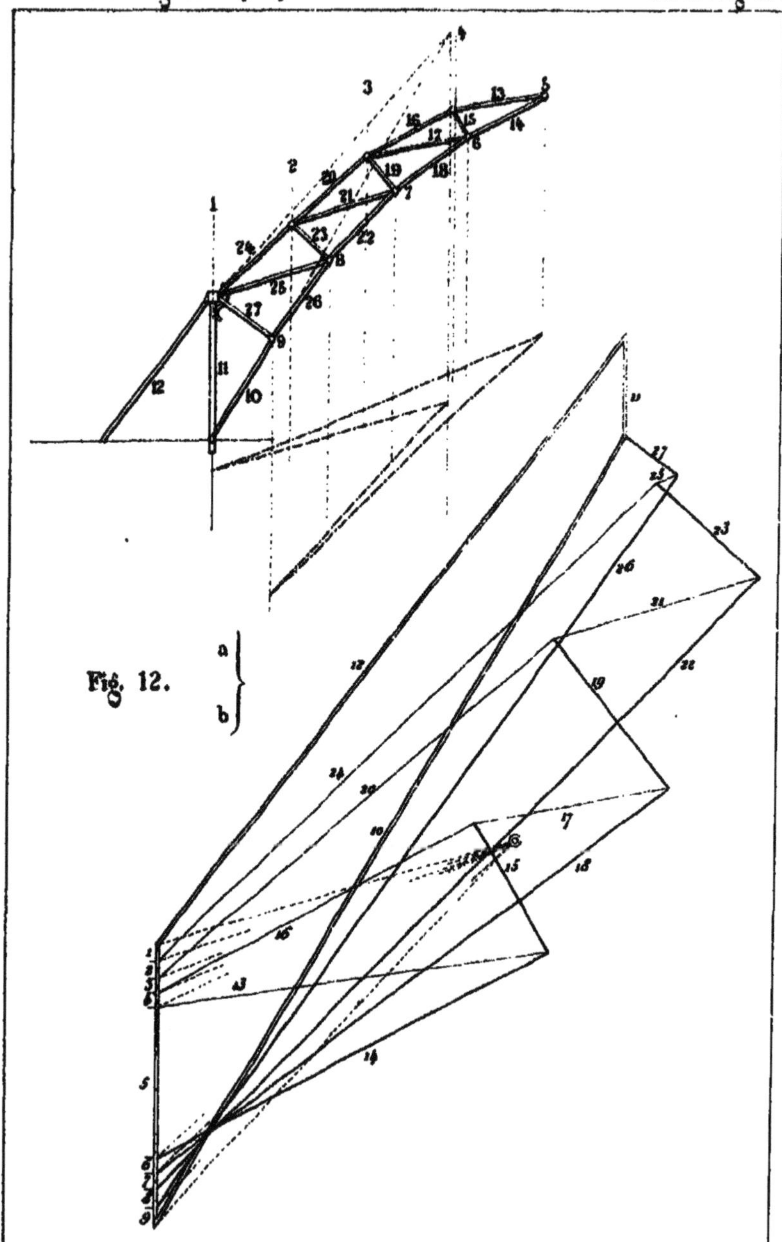
Fig. 12.

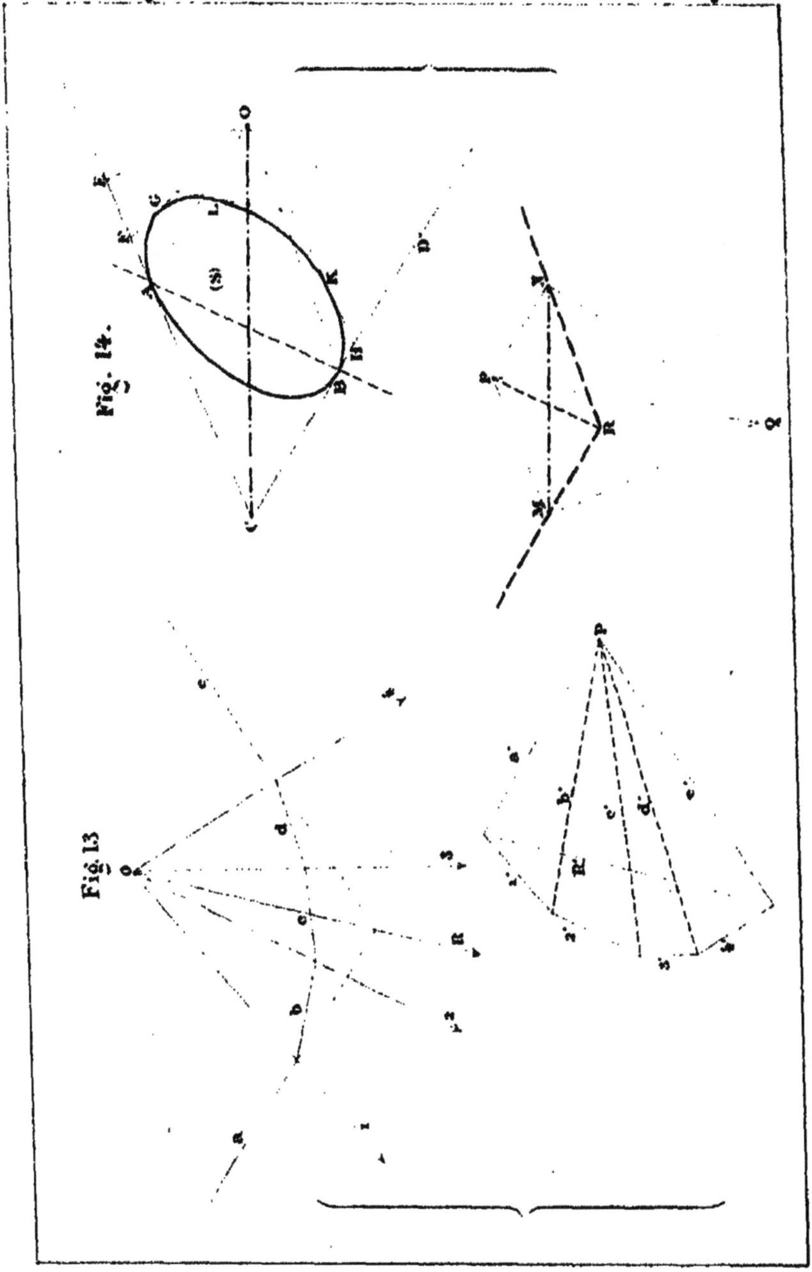

Fig. 13.

Fig. 14.

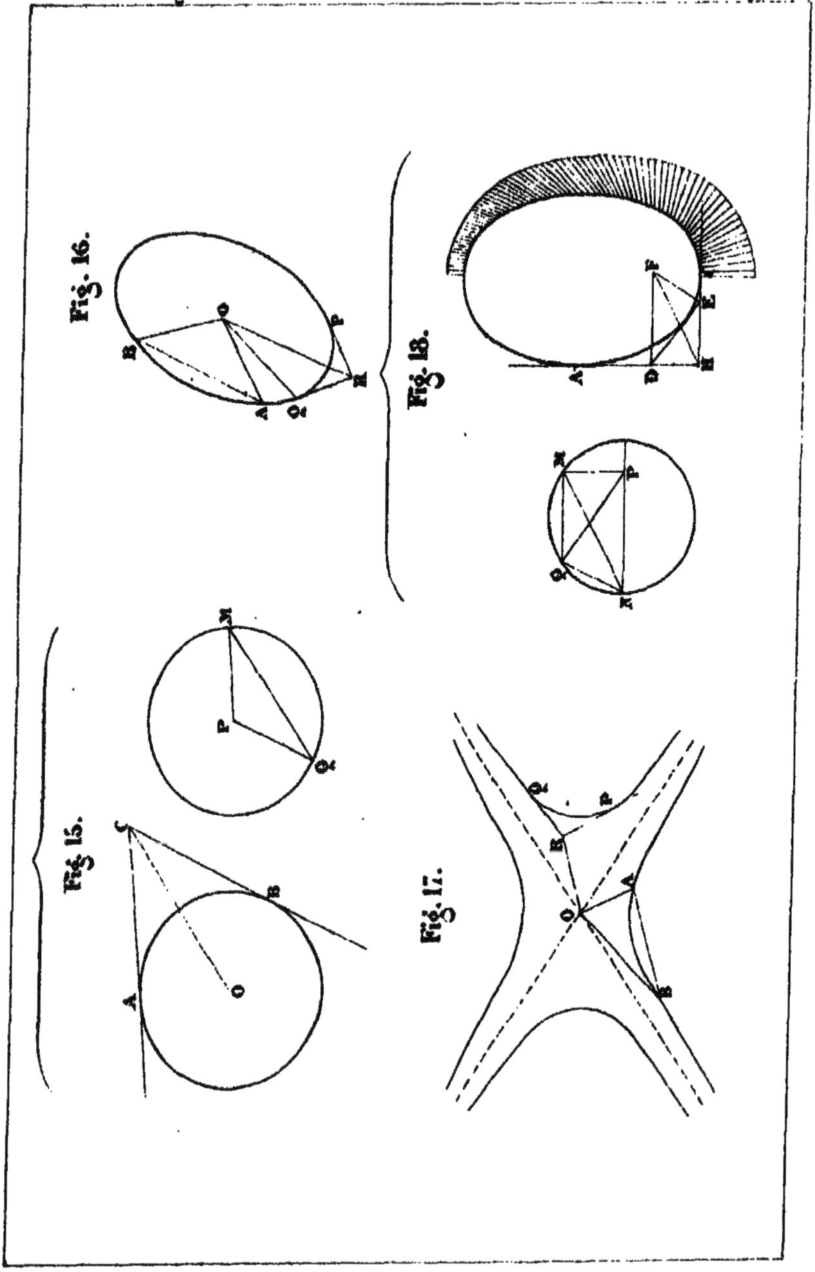

Fig. 15.

Fig. 16.

Fig. 17.

Fig. 18.

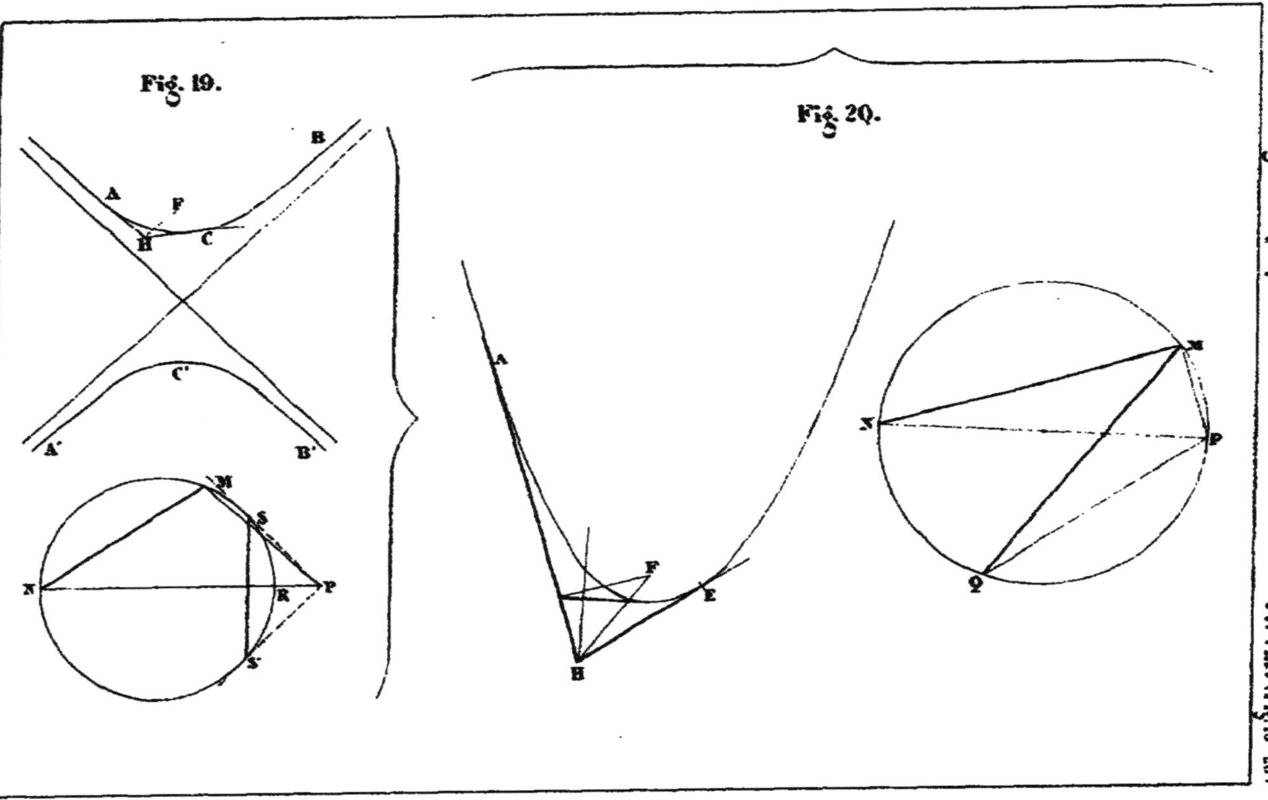
Fig. 19.
Fig. 20.

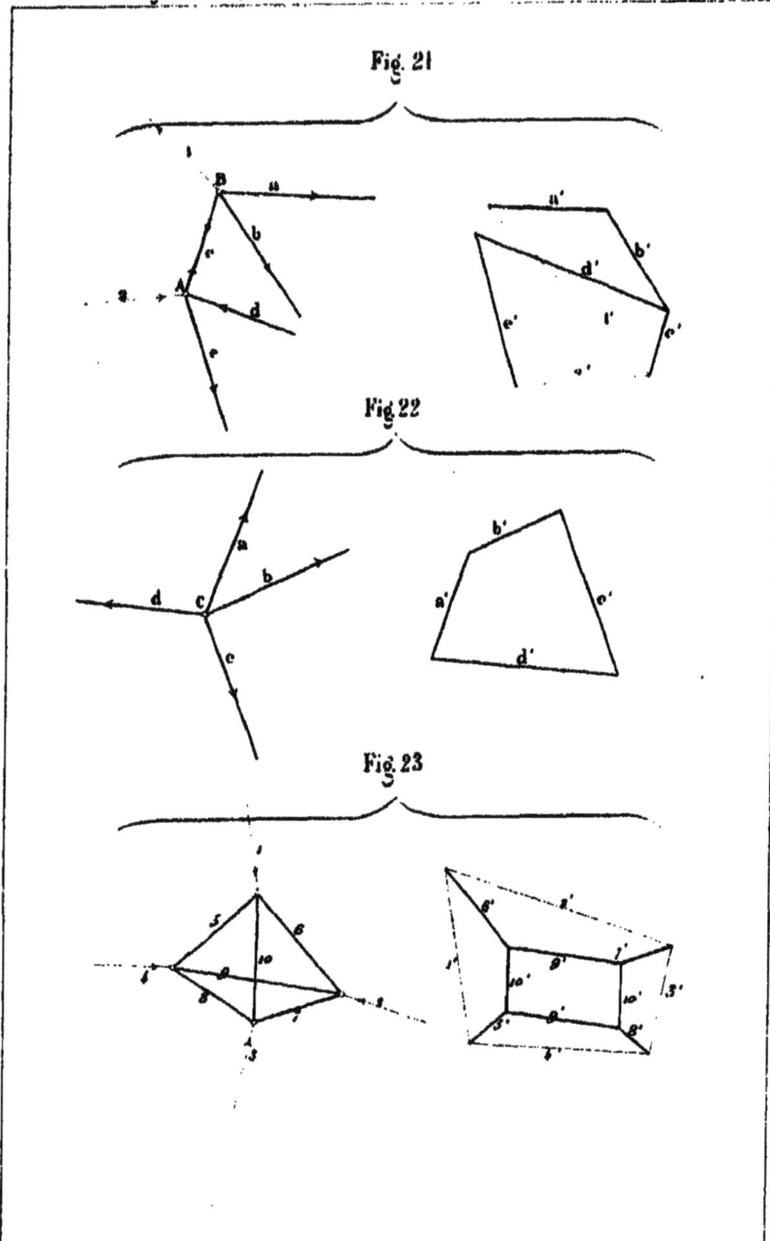
Fig. 21
Fig. 22
Fig. 23

Fig. 24.

a'
p'
j'
l'
b'
n'
d'
r'
g'
i'
b''
c'
q'
g'
j'
t'
f'
m'
v'
y'
s'
h'
u'
k'
x'
l'
('7)
(p)
(q)
(6)
(r)
(8)
(m)
(n)
(s)
(t)
(s)
(5)
(l)
(9)
(k)
(4)
(v)
(u)
(10)
(h)
(g)
u
3
9
(x)
y
v
k
s
f
z
t
x
h
w
l
(u)
e
m
(b)
d
n
r
(12)
c
b
q
(a)
a
12
p
6
7

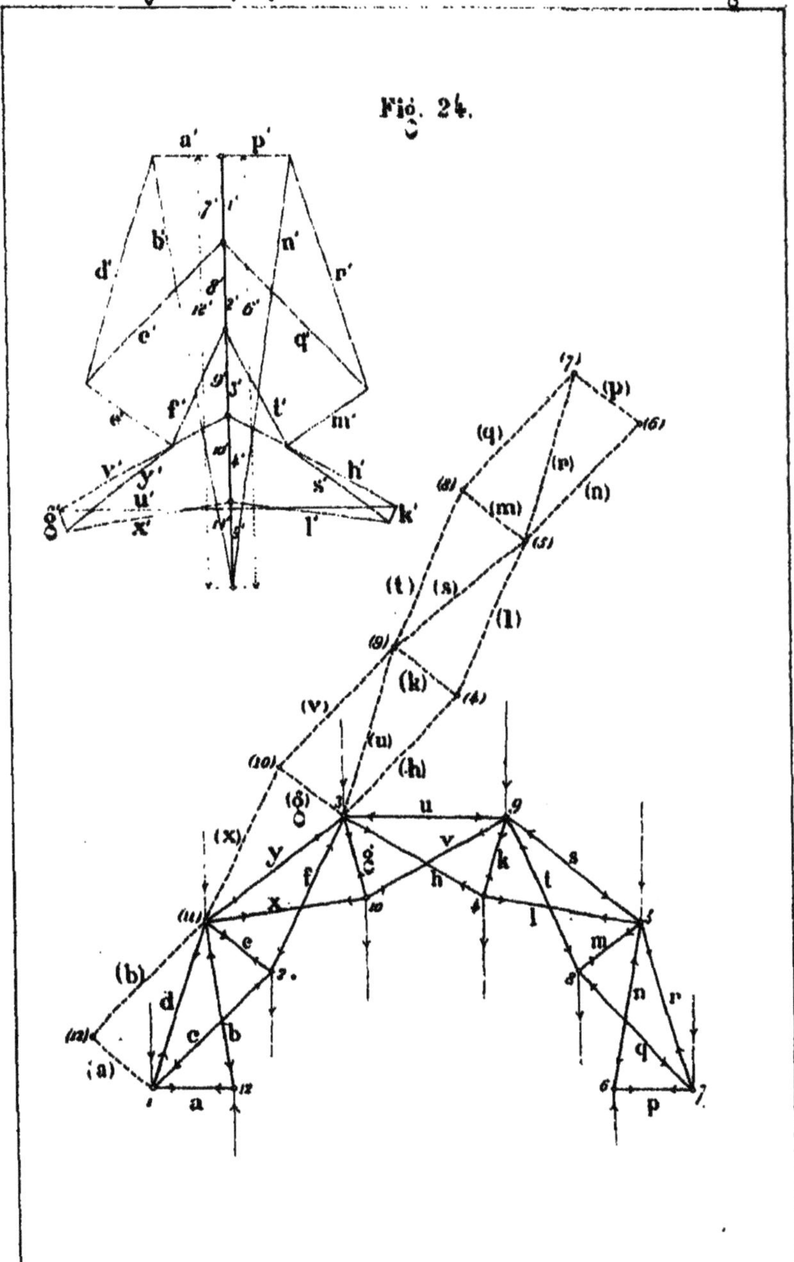

Fig. 25.

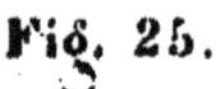

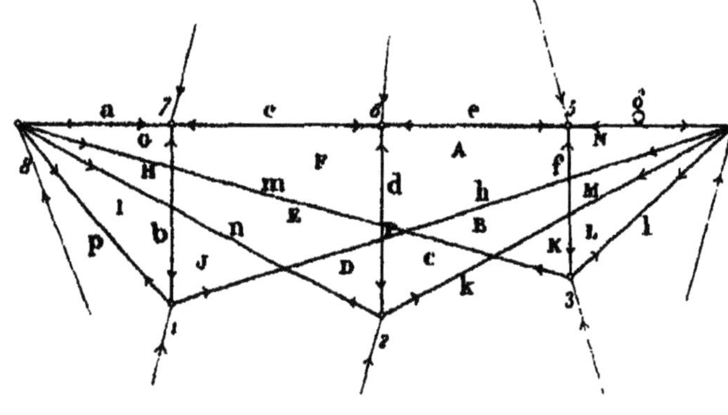

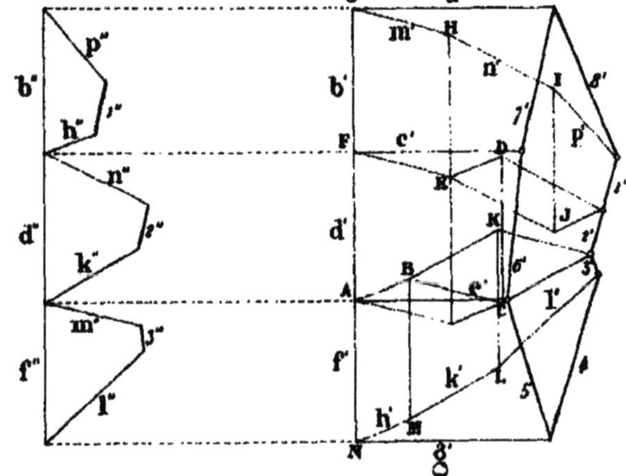

Fig. 26.

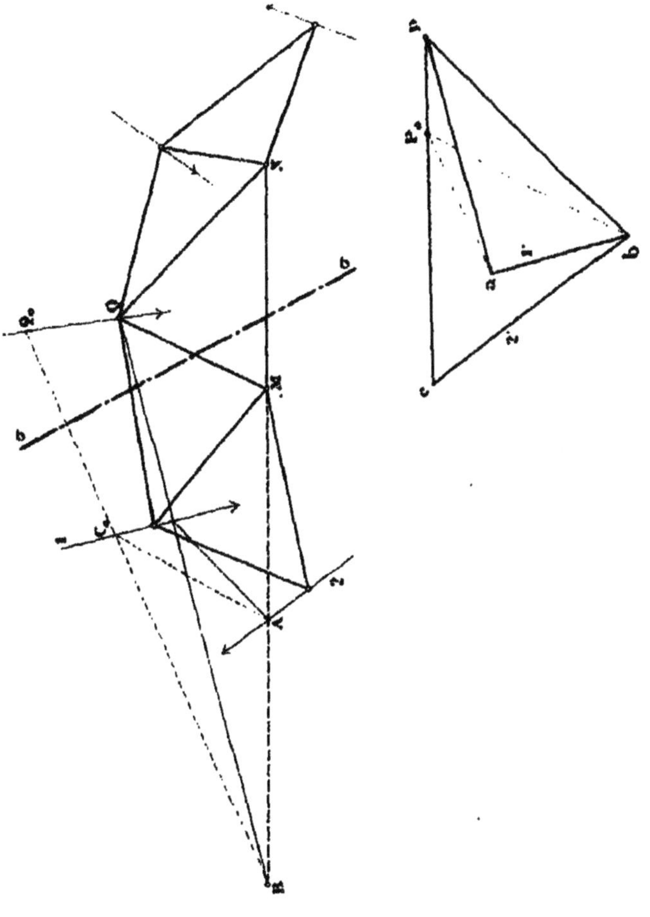

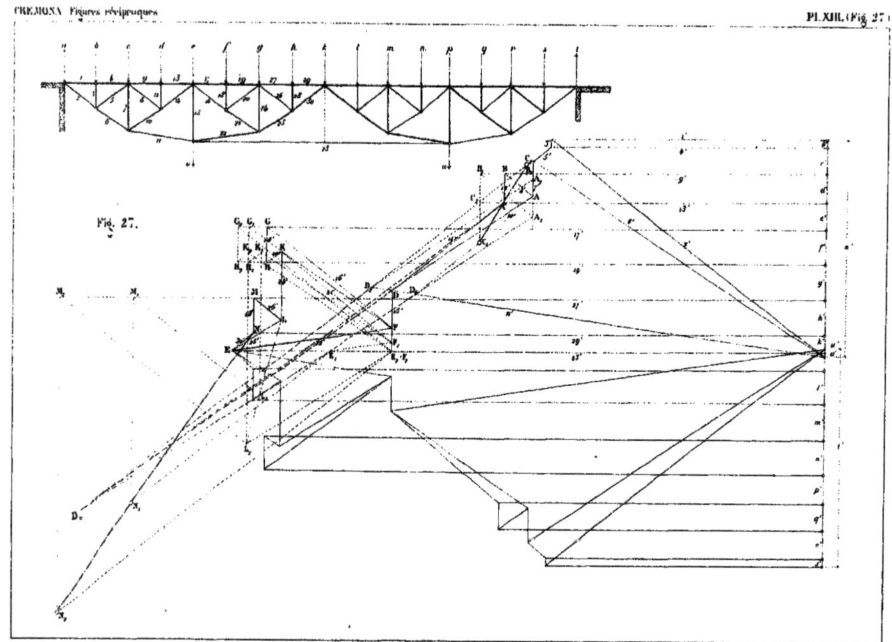

Fig. 27.

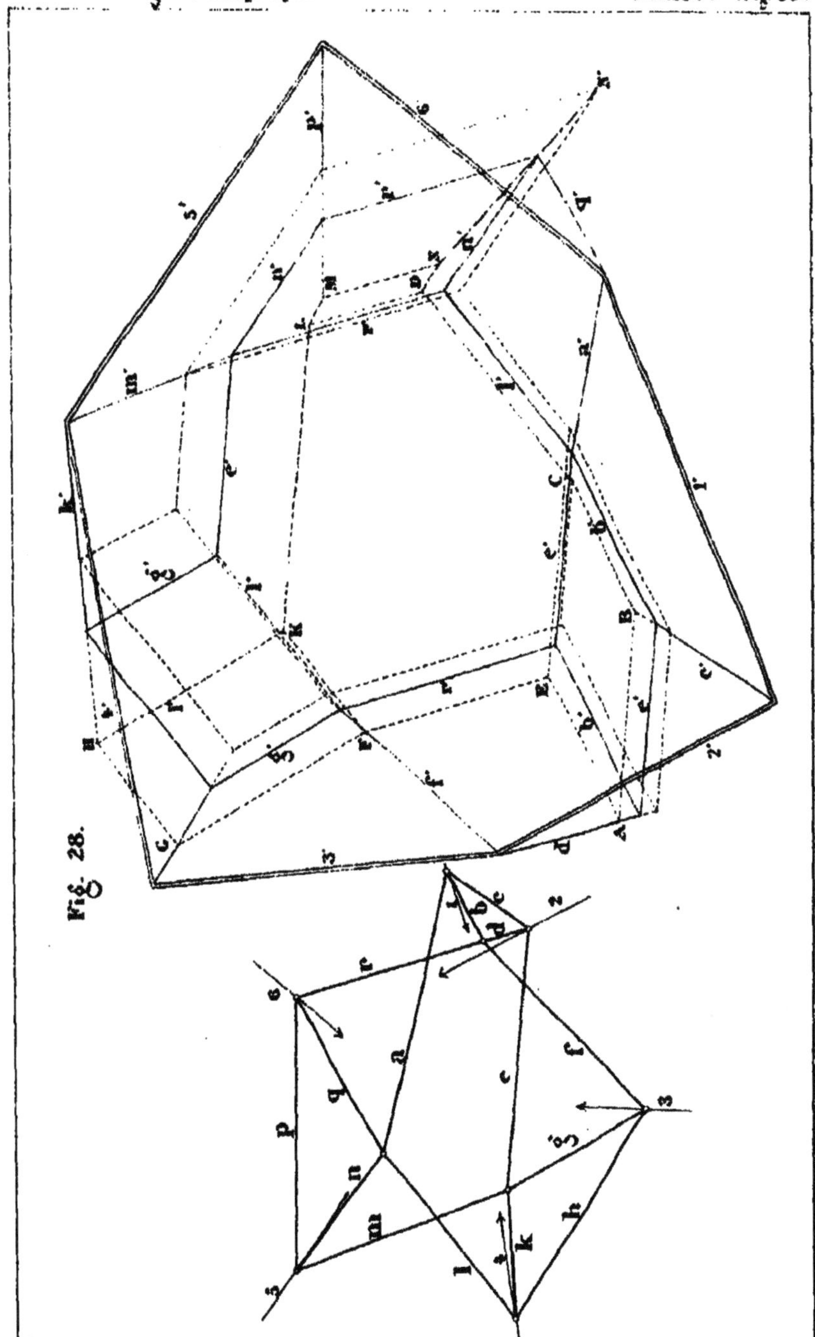

Fig. 28.

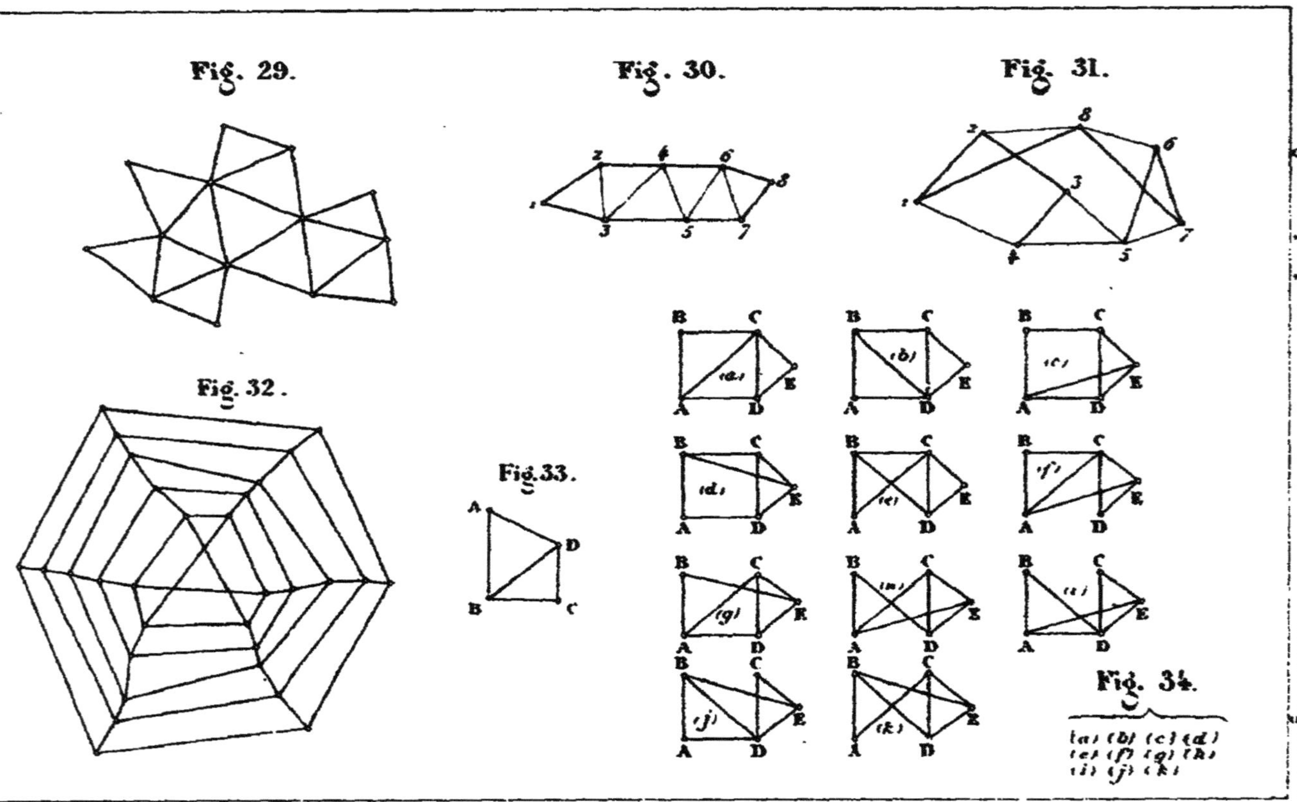
Fig. 29.
Fig. 30.
Fig. 31.
Fig. 32.
Fig. 33.
Fig. 34.

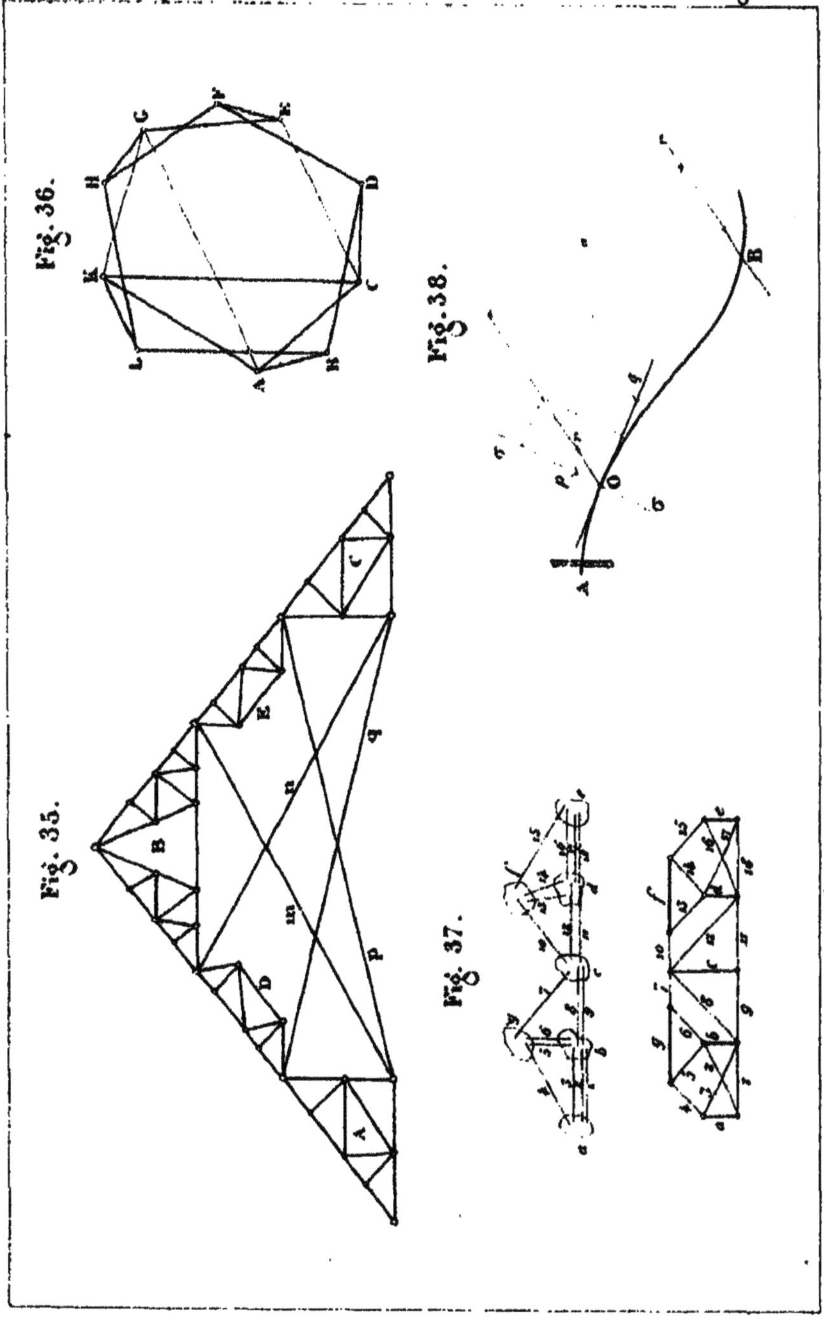

Fig. 35.

Fig. 36.

Fig. 37.

Fig. 38.

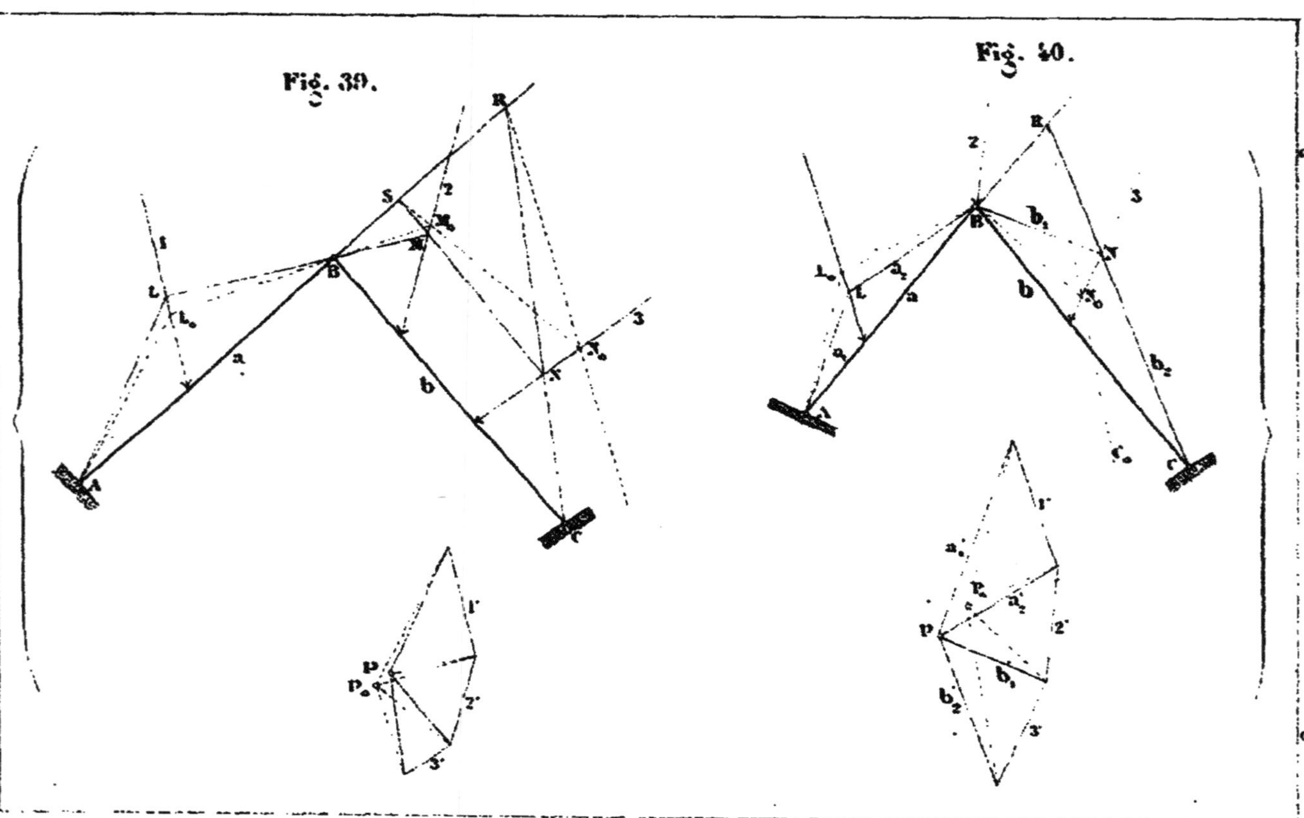

Fig. 39.
Fig. 40.

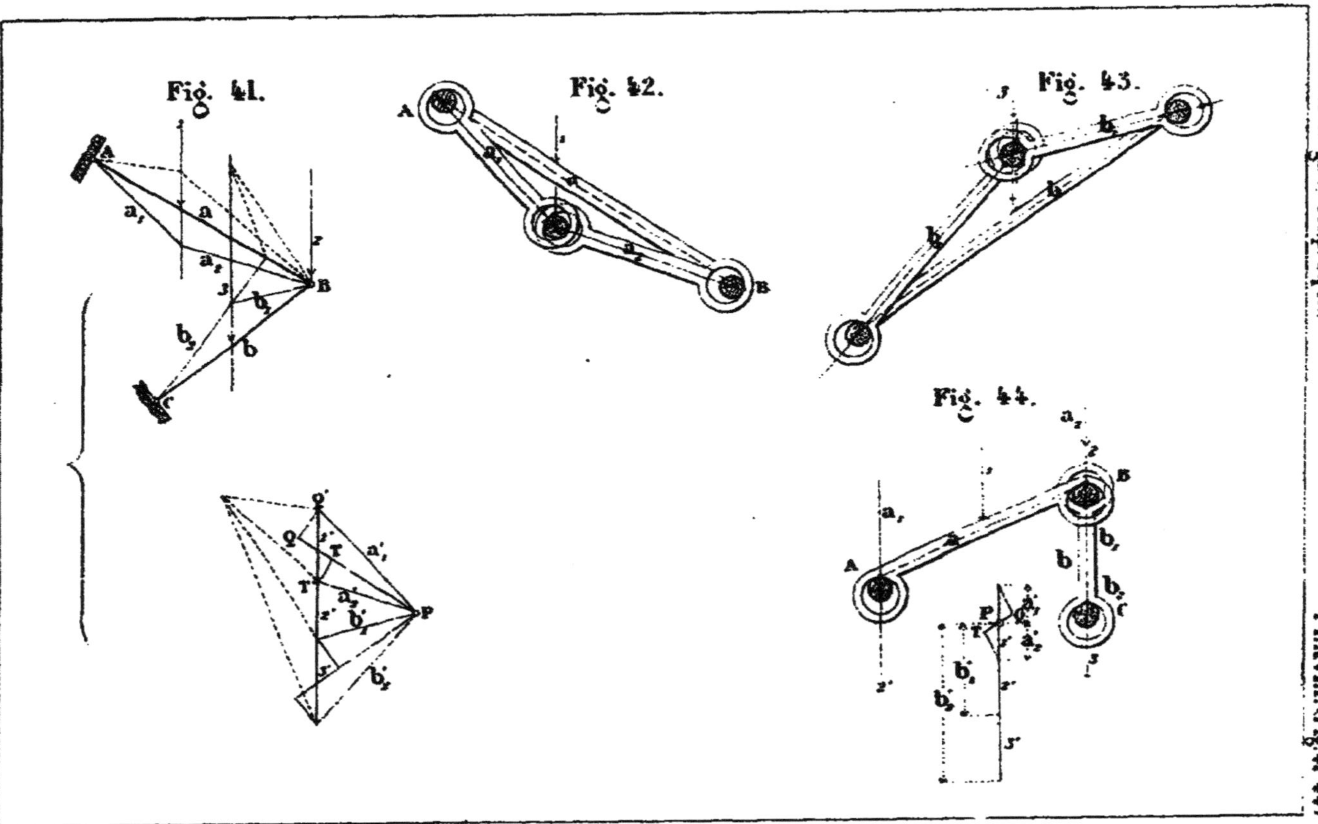
Fig. 41.
Fig. 42.
Fig. 43.
Fig. 44.

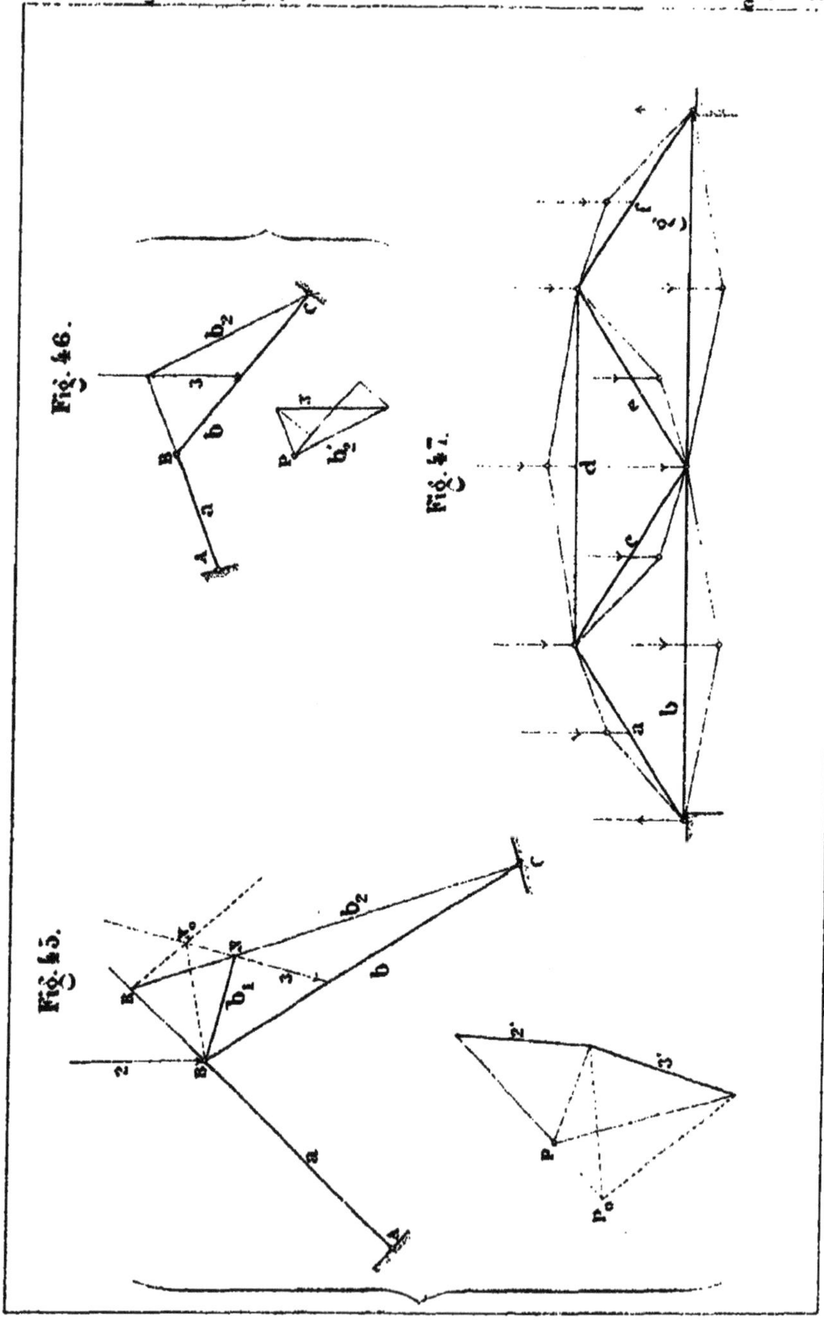

Fig. 45.

Fig. 46.

Fig. 47.

Fig. 48.

a₂
c₁
b
a
c
a₁
e
d
c₁
d₂
e₂
c₂
d₁
P₂
Q
d'₁
d'
d'₂
d'₃
c'₁
c''
c'₂
b₁
K'
R
T S
a'₁
a'
a'₂
e'₁
e'
e'₂
P₁

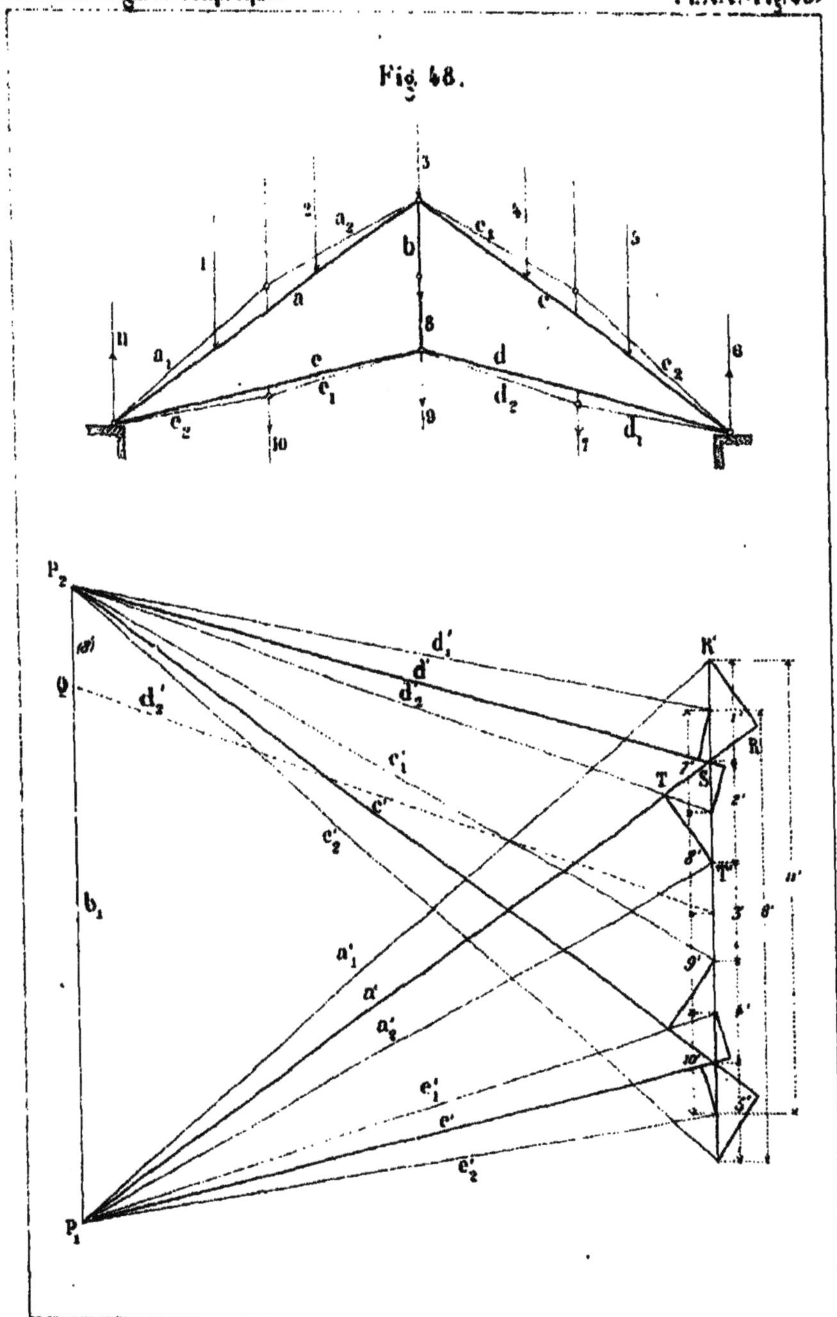

Fig. 49.

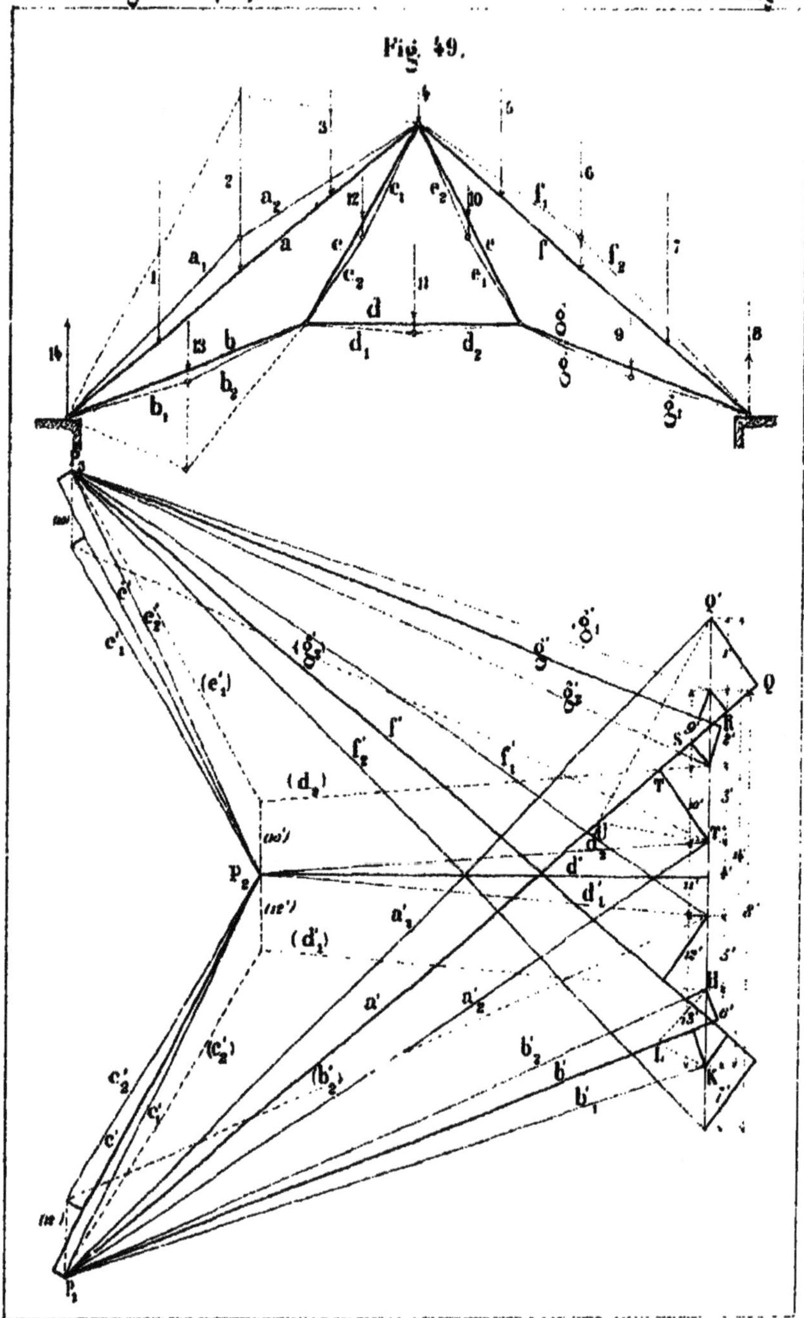

Fig. 51.

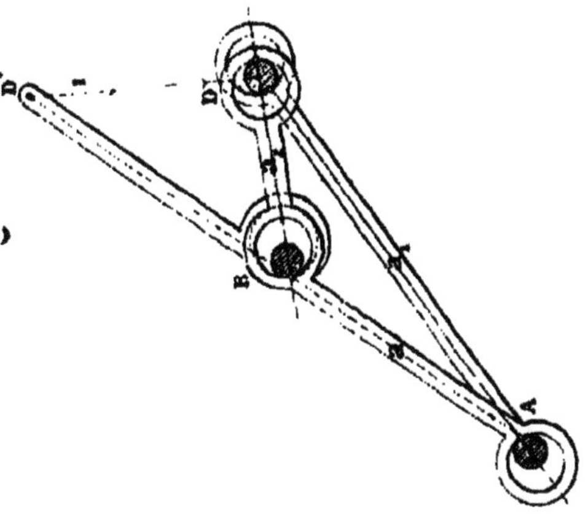

Fig. 50.

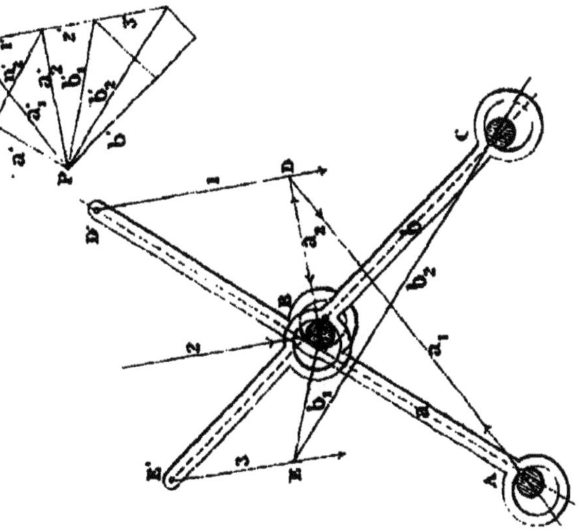

Fig. 52.

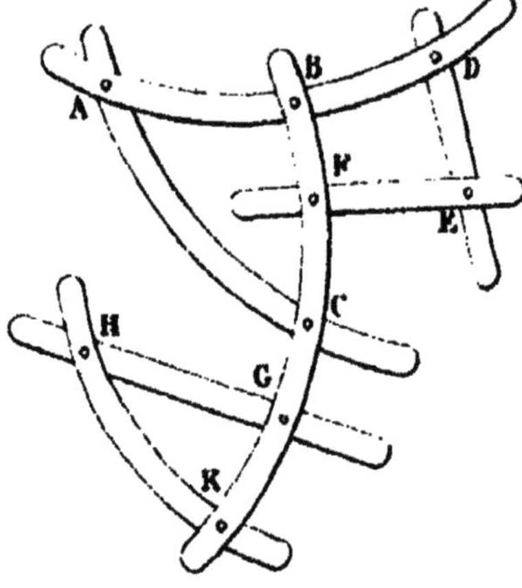

Fig. 53.

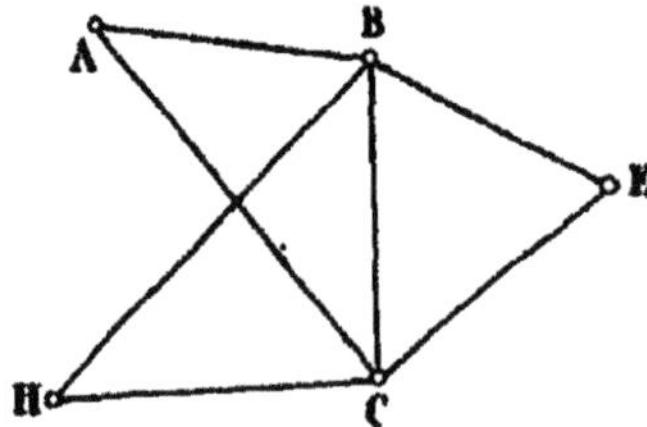

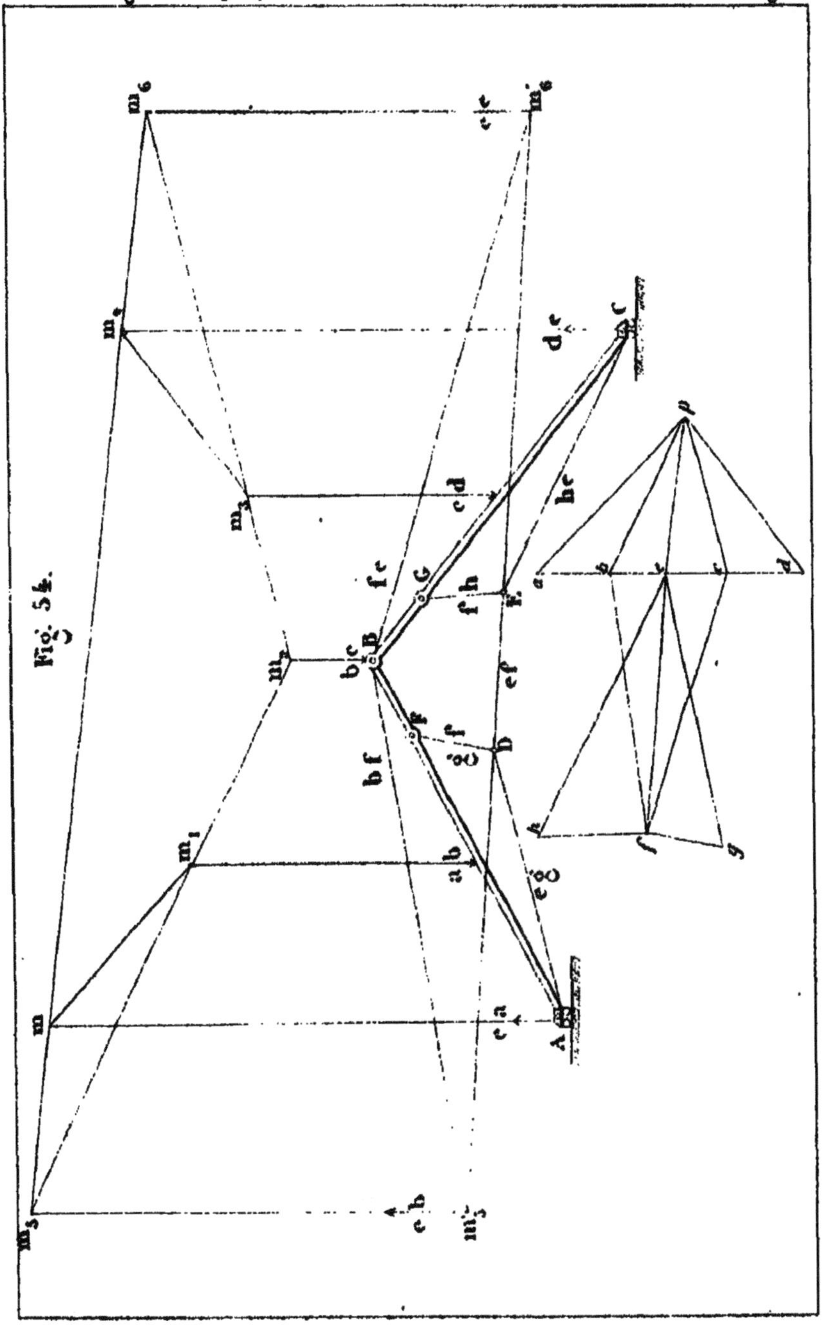

Fig. 54.

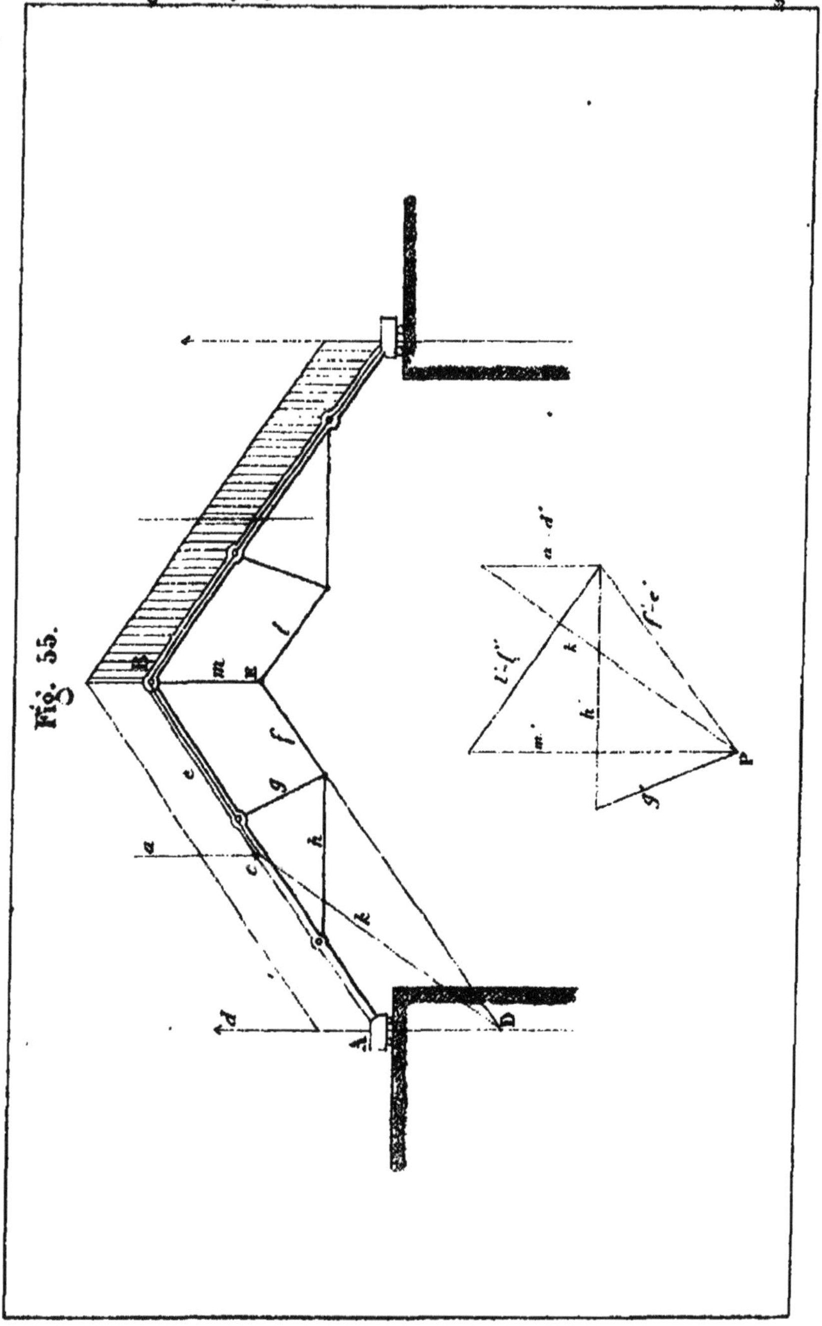

Fig. 55.

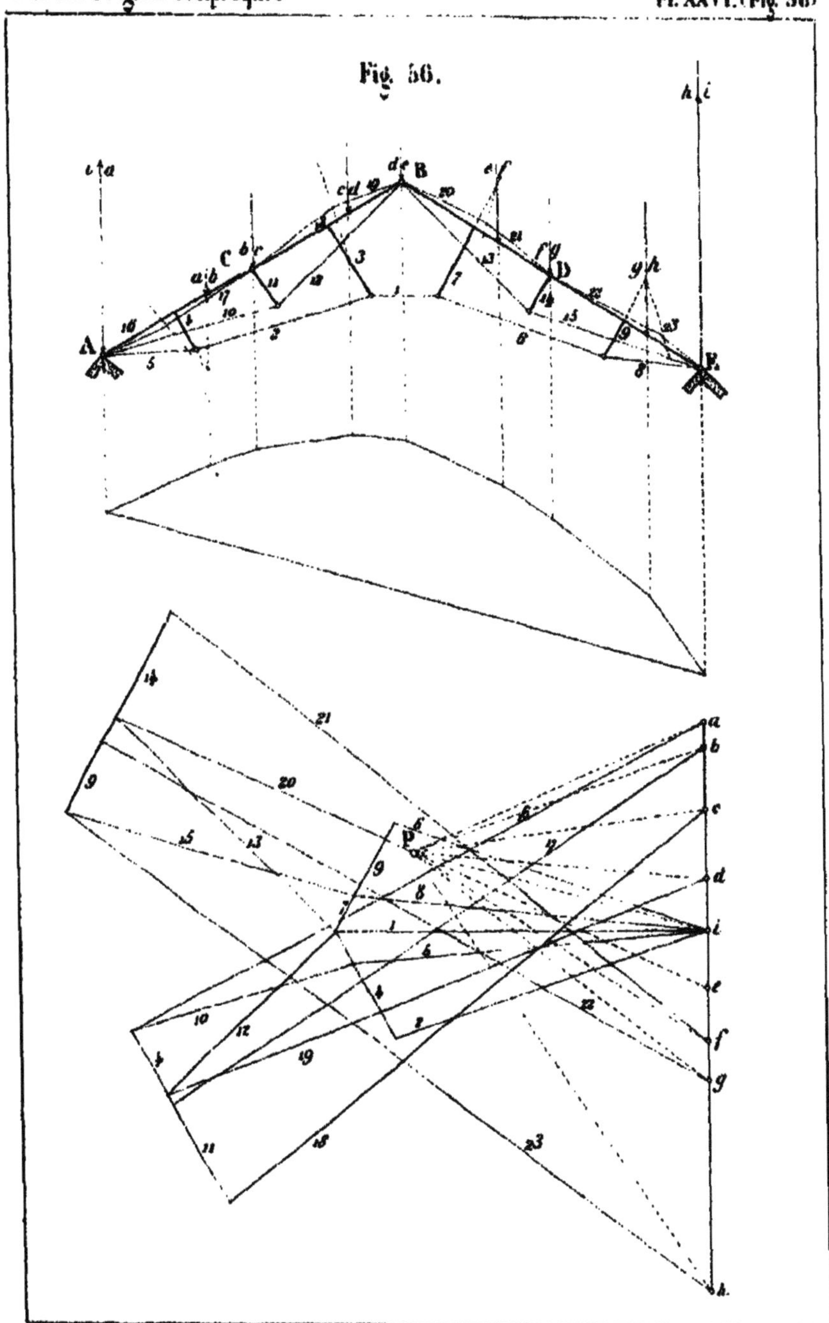
Fig. 56.

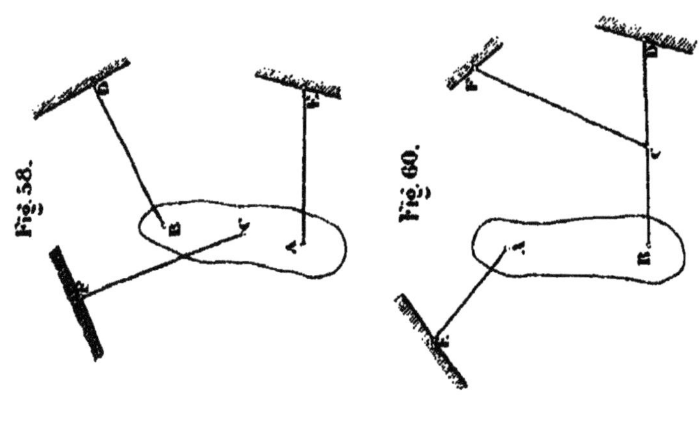
Fig. 58.
Fig. 60.

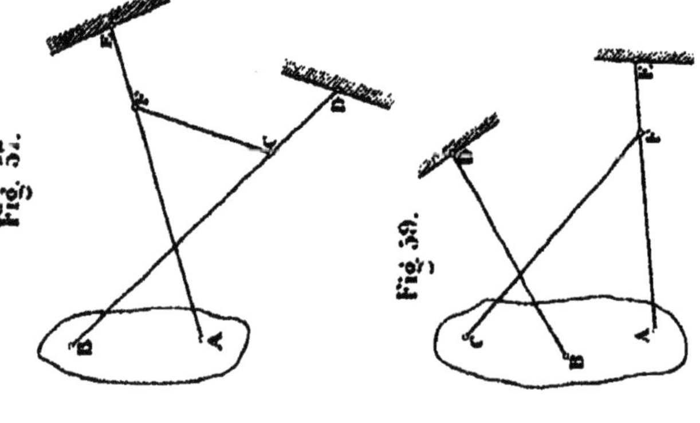
Fig. 57.
Fig. 59.

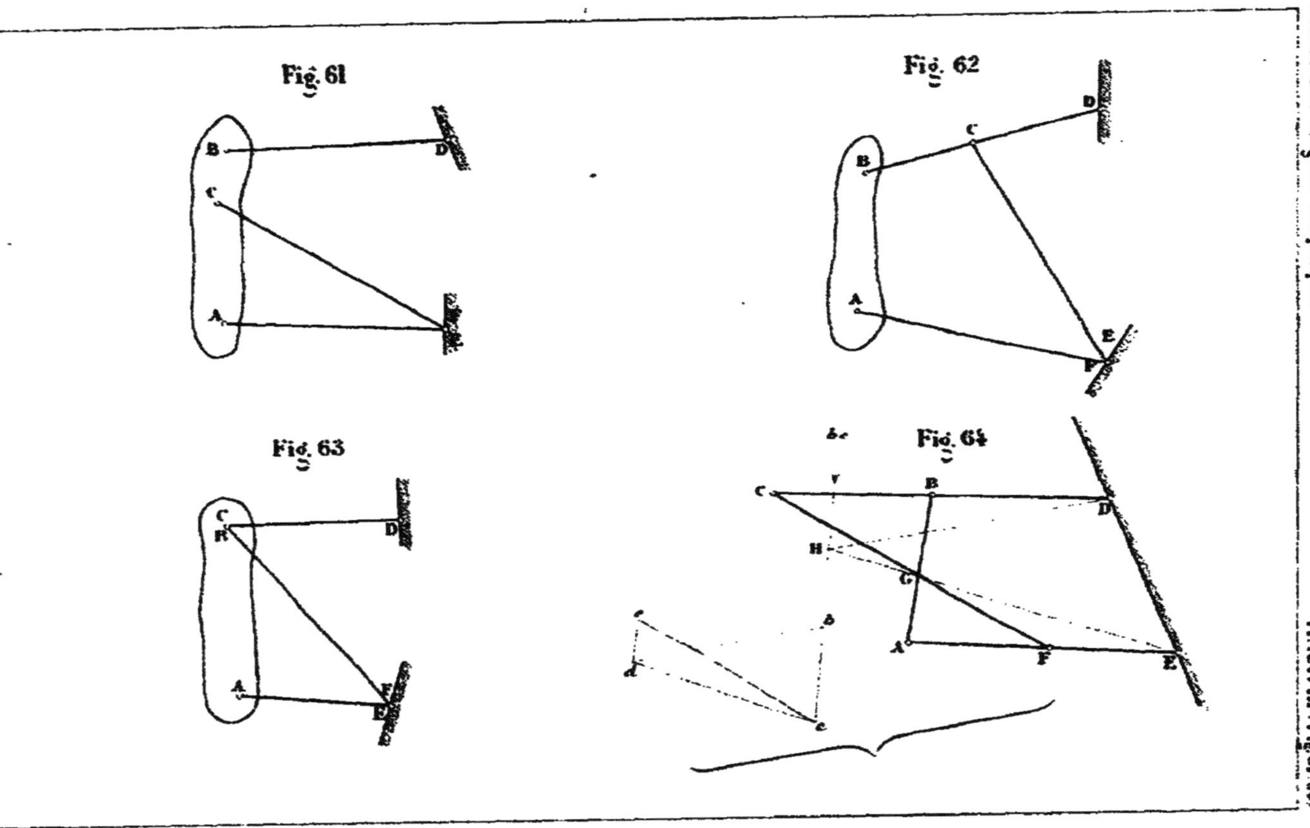
Fig. 61
Fig. 62
Fig. 63
Fig. 64

Fig. 65

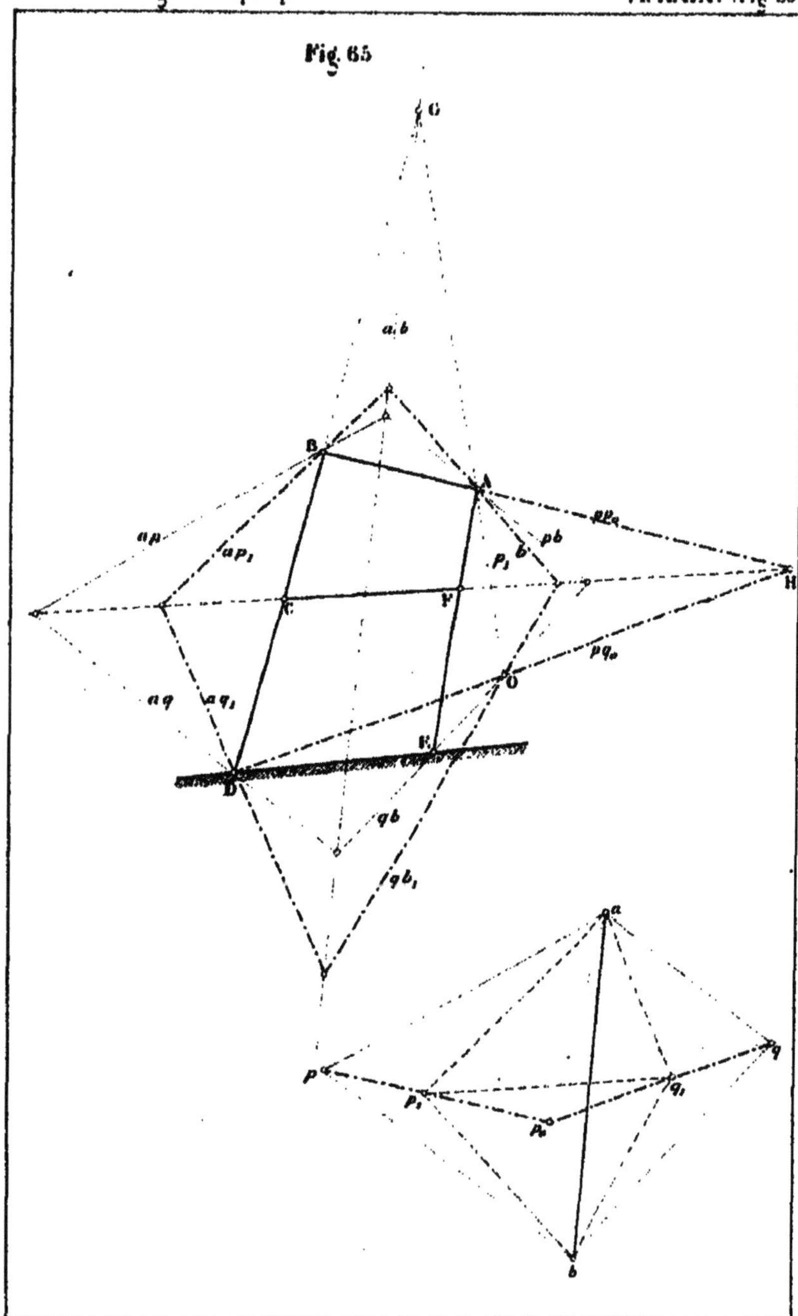

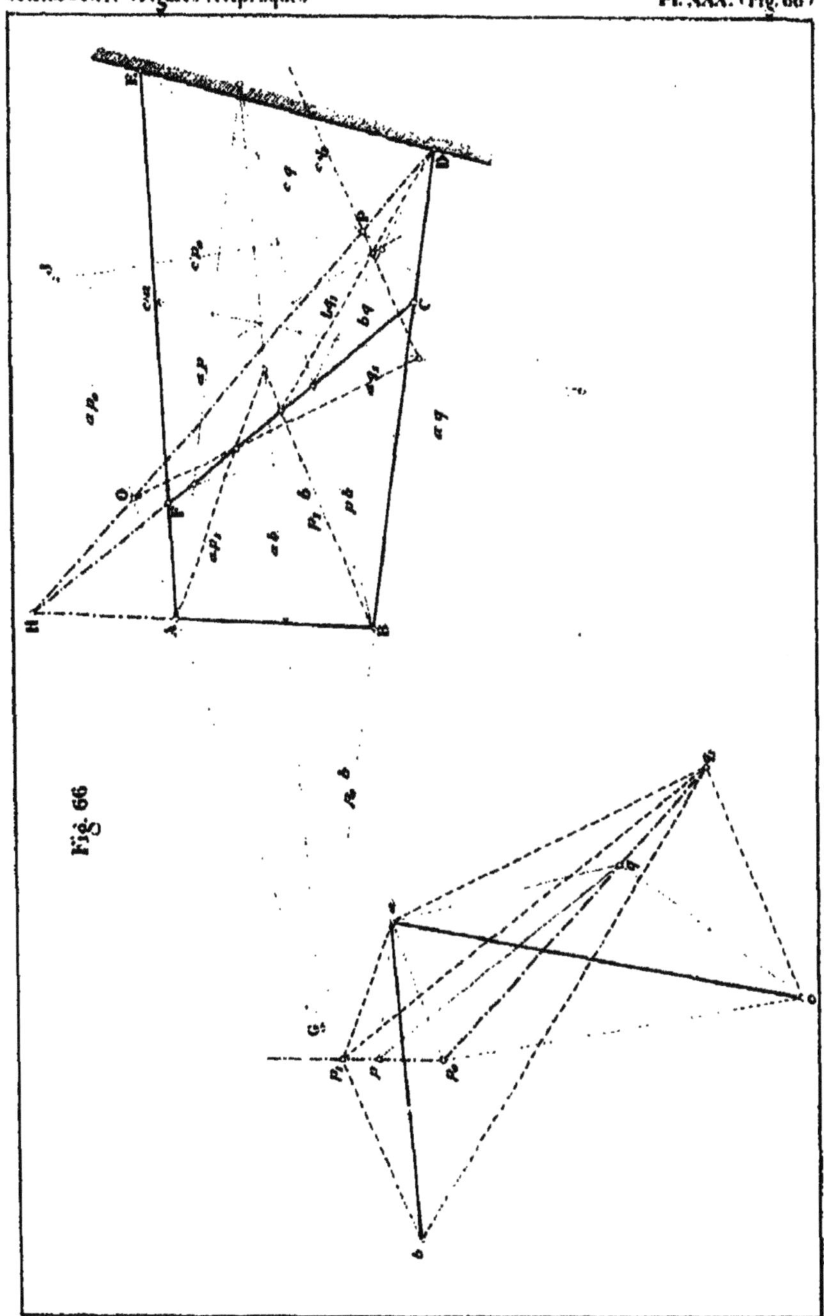

Fig. 66

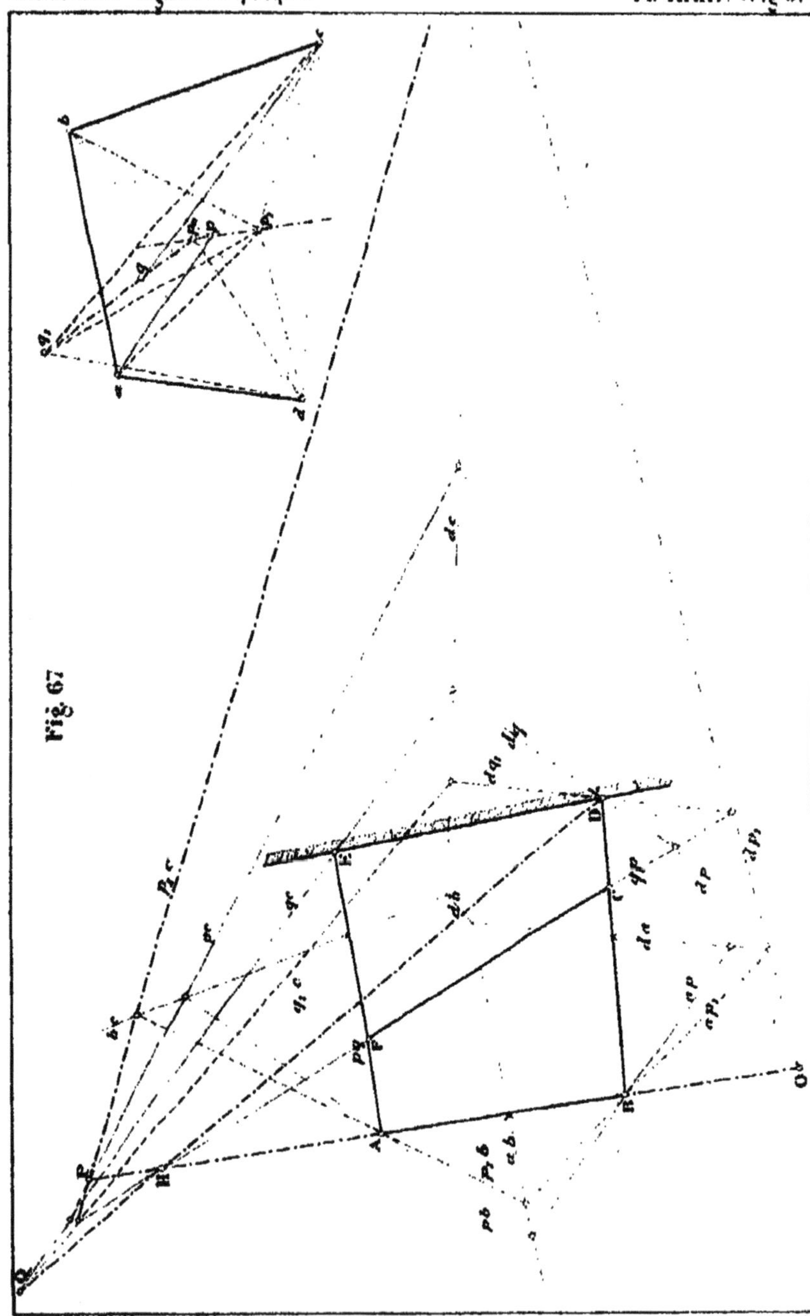

Fig 67

Fig. 68.

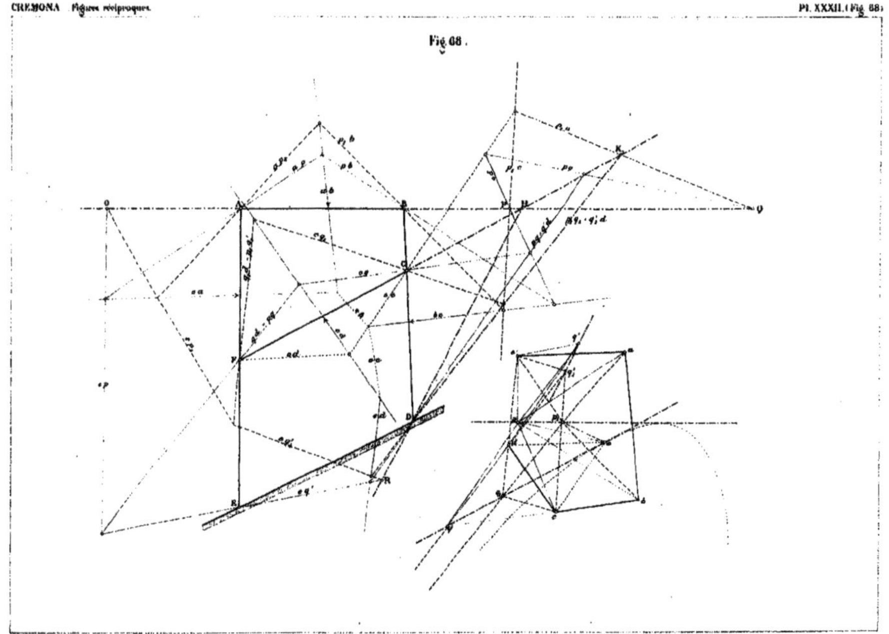

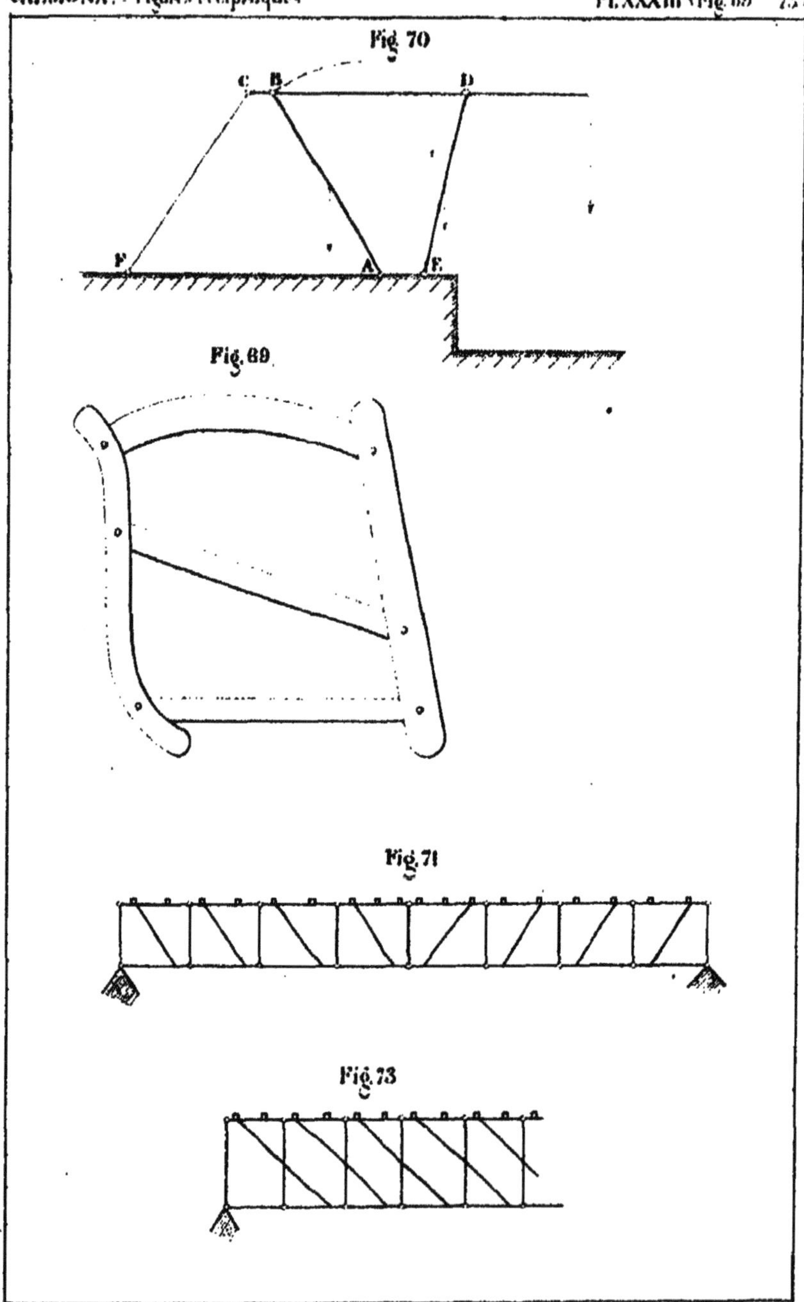
Fig. 70
C B
D
F
A
E
Fig. 69
Fig. 71
Fig. 73

Fig 72

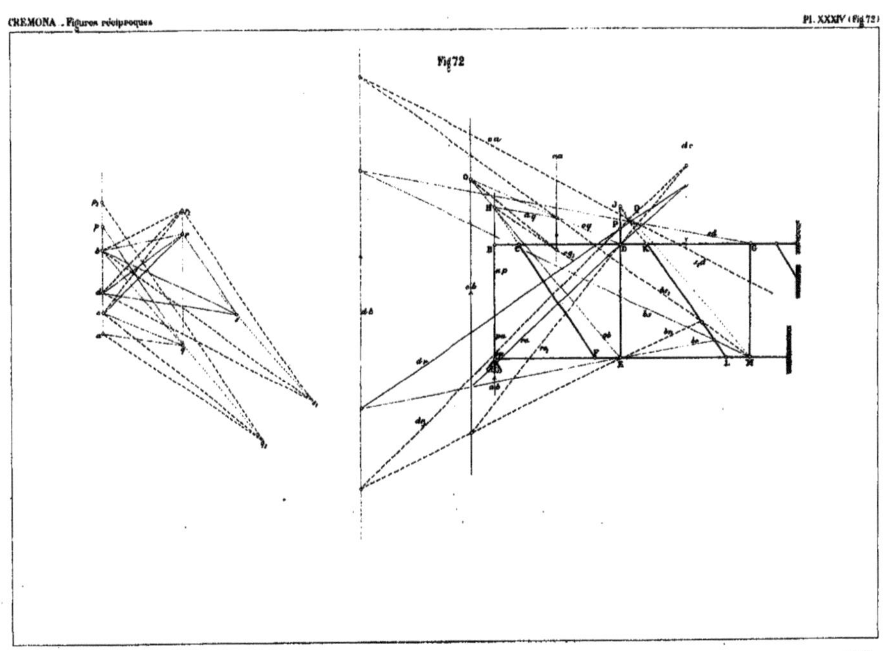